"十四五"新工科应用型教材建设项目成果

21 世 技能创新型人才培养系列教材
纪 建筑系列

U0166402

《工程测量》技能实训与测试

主 编◎林长进 林志维
副主编◎吕加宝 周桂容

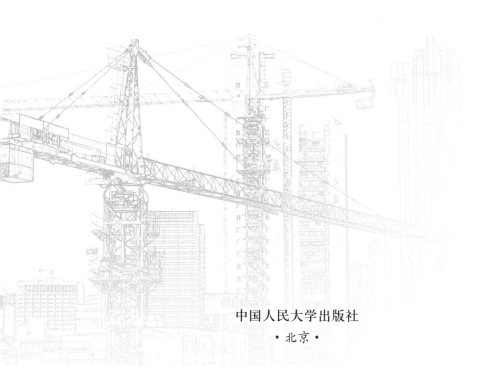

中国人民大学出版社
·北京·

目 录

技能实训与测试 1　普通水准测量 ……………………………………………………… 001

技能实训与测试 2　经纬仪测回法观测水平角 ………………………………………… 005

技能实训与测试 3　全站仪的使用 ……………………………………………………… 009

技能实训与测试 4　GPS 接收机静态观测 …………………………………………… 015

技能实训与测试 5　四等水准测量 ……………………………………………………… 019

技能实训与测试 6　建筑物平面位置的测设 …………………………………………… 025

技能实训与测试 7　单圆曲线主点测设 ………………………………………………… 029

技能实训与测试 8　建筑物定位与放线 ………………………………………………… 033

技能实训与测试 1　普通水准测量

〖水准测量知识准备〗

（1）水准仪的认识与使用。首先认识水准仪各组成部分的主要功能，然后操作水准仪，包括仪器的安置、粗平、瞄准水准尺、精平、读数及计算高差。

（2）熟悉水准测量原理、方法，能进行水准测量内业整理。

〖核心技能〗

（1）水准仪的正确使用。

（2）水准路线的布设。

（3）水准测量的施测方法（包括观测、记录与计算）。

〖测试内容〗

按照等外水准测量的精度要求，根据已知水准点，测量待定点的高程。包括闭合水准路线的布设、外业观测、记录与内业计算全过程。

〖测试时间〗

90min。

〖测试条件（情景）〗

（1）DS_3 型微倾式水准仪 1 台、脚架 1 个、水准尺 2 根、计算器（自备）、尺垫 1 对、记录夹 1 个、测伞一把。

（2）在测试现场选定一已知高程的点 BM_A，其高程为 1 000.000m。指定两个未知待测点，分别打入木桩表示 I、II 两点，桩顶钉圆帽钉。I 点距离 BM_A 点 300～500m，II 点距离 I 点 100～200m，II 点距离 BM_A 点 400～600m。

〖测试要求及评分标准〗

（1）严格按操作规程作业。

（2）记录内容和计算结果完整、清晰、无错误。

（3）数据记录、计算、校核及成果计算均应填写在相应的《测试报告》中，记录表以外的数据不作为考核结果。

（4）等外水准测量的精度要求：高差闭合差的容许值 $f_{h容} = \pm 40\sqrt{L}\ \text{mm}$ 或 $f_{h容} = \pm 12\sqrt{n}\ \text{mm}$。

（5）评分标准见下表。

测试评分标准（百分制）

序号	测试内容	评分标准	配分
1	工作态度	仪器、工具轻拿轻放，搬仪器的动作规范，装箱正确	10
2	仪器操作	操作熟练、规范，方法和步骤正确、不缺项	20
3	读数	读数正确、规范	10

续表

序号	测试内容	评分标准	配分
4	记录	记录正确、规范	10
5	计算	计算快速、准确、规范，计算检核齐全	20
6	精度	精度符合要求	20
7	综合印象	动作规范、熟练，文明作业	10
		合计	100

（6）评分奖罚说明。

1）测试时间不得超过规定时间（90min）。提前完成者分 3 个等级给予分值奖励，具体见下表：

提前时间	30min 以上	20min 以上	10min 以上
奖励分值	30 分	20 分	10 分

2）根据卷面整洁情况，扣 0 ~ 5 分。（记录划去 1 处扣 1 分，用橡皮擦去 1 处扣 2 分，合计不超过 5 分。）

3）如发生仪器事故或严重违反操作规程，停止测试，成绩判定为不合格。

〖 测试说明及注意事项 〗

（1）测试准备工作：自备计算用纸、笔（钢笔或圆珠笔）、计算器等必要工具；抽题。

（2）闭合水准测量测试将提供《闭合水准测量技能测试报告》给学生，测试结束后学生将该报告作为成果交回。

（3）测试过程中，安排 2 名辅助人员配合学生完成测试任务。

（4）测试过程中任何人不得给予提示，学生应独立完成全部工作。

（5）教师有权随时检查学生的操作是否符合操作规程及技术要求，但应相应折减所影响的时间。

（6）若有作弊行为，一经发现一律按零分处理，不得参加补考。

（7）测试时间自领取仪器开始，至递交成果终止。

（8）评分标准参见"测试评分标准（百分制）"。

〖 测试报告 〗

闭合水准测量技能测试报告

考评日期：＿＿＿＿＿　　　　姓名：＿＿＿＿＿　　　　成绩：＿＿＿＿＿　　　　考评员：＿＿＿＿＿

测试题目	闭合水准测量		
主要仪器及工具			
天气		仪器号码	

水准测量手簿

测站	测点	后视读数（m）	前视读数（m）	高差（m）		高程（m）	备注
				+	−		
	Σ						
计算校核		∑ a − ∑ b =		∑ h =		结论：	

水准测量成果计算表

点号	水准路线长 L_i（m）	测站数 n_i（m）	实测高差 h_i（m）	高差改正数 v_i（m）	改正后高差 $h_{i改}$（m）	高程 H_i（m）	备注
						1 000.000	已知
Σ							
辅助计算	f_h = $\quad\quad\quad\quad f_{h容}$ = 高差改正数 v_i =						

〖 **测试成绩评定表** 〗

本表用于教师给学生评定成绩，最后连同《测试报告》一并归档保存。

测试成绩评定表

考生姓名：＿＿＿＿＿　　考评日期：＿＿＿＿＿　　开始时间：＿＿＿＿＿　　结束时间：＿＿＿＿＿

测试内容	配分	操作要求及评分标准	扣分	得分	监考教师评分依据记录
工作态度	10	仪器、工具轻拿轻放，搬仪器的动作规范，装箱正确			
仪器操作	20	操作熟练、规范，方法和步骤正确、不缺项			
读数	10	读数正确、规范			
记录	10	记录正确、规范			
计算	20	计算快速、准确、规范，计算检核齐全			
精度	20	精度符合要求			
综合印象	10	动作规范、熟练，文明作业			
合计	标准分：100				
总扣分及说明					
最后得分		考评员签字		主考人签字	

〖 **其他变数与说明** 〗

1. 其他变数

（1）任务可以变更为附合水准路线。

（2）仪器可以变更为自动安平水准仪。测试用时可以适当减少。

（3）外业观测可以要求采用变更仪器高法作为测站检核，同时调整测试工作量或测试用时。

2. 技能的用途

该技能用于高程测量，是高程测量中最重要、最基本、精度较高的方法之一。

技能实训与测试 2　经纬仪测回法观测水平角

〖**角度测量知识准备**〗

1. 经纬仪的认识与使用

（1）在指定点位上安置经纬仪，并熟悉仪器各部件的名称和作用。

（2）经纬仪的操作。安置仪器，对中，整平，精确照准目标，读数。

2. 一测回观测步骤

（1）盘左：先瞄准左目标 A，读数记 a_1；顺时针方向转动照准部，瞄准右目标 B，读数记 b_1；计算上半测回角值 $\beta_左 = b_1 - a_1$。

（2）盘右：纵转望远镜后，先瞄准右目标 B，读数记 b_2；再逆时针方向转动照准部，瞄准左目标 A，读数记 a_2；计算下半测回角值 $\beta_右 = b_2 - a_2$。

（3）检查：上、下半测回角值互差的限差 $f_{\beta允} = \pm 40''$。如果符合要求，则计算一测回角值 $\beta = (\beta_左 + \beta_右)/2$，否则重测。

（4）完成测回法测水平角的计算，测站观测完毕后，检查各测回角值互差是否超限，计算平均角值。

〖**核心技能**〗

（1）经纬仪的正确使用。

（2）测回法观测水平角的观测顺序，以及记录和计算方法。

〖**测试内容**〗

使用测回法观测水平角，并进行记录和计算。

〖**测试时间**〗

30min。

〖**测试条件（情景）**〗

（1）DJ$_6$ 型光学经纬仪 1 台、脚架 1 个、测钎 2 根、记录夹 1 个、测伞 1 把。

（2）在测区地面上任意选择 3 个点 A、O、B，分别打入木桩，桩顶钉小钉表示点位。要求 A 点、B 点距离 O 点约 100m，且两距离不能相同。即使三点高程呈明显不同。

〖**测试要求及评分标准**〗

（1）严格按操作规程作业。

（2）要求对中误差≤3mm，整平误差≤1格，上、下半测回角值差不超过 36″，各测回角值差不超过 24″。

（3）记录和计算完整、清晰、无错误；数据记录、计算均应填写在相应的《测试报告》中，记录表不可用橡皮修改，记录表以外的数据不作为考核结果。

（4）要求测量 3 个测回。

（5）评分标准见下表。

测试评分标准（百分制）

序号	测试内容	评分标准	配分
1	对中误差小于 1mm	超限扣 5 分	5
2	水准管气泡偏移不超过 1 格	超限扣 5 分	5
3	度盘配置	错误一次扣 2 分	10
4	2C 互差	超限扣 5 分	10
5	半测回角值差	超限一次扣 10 分	10
6	对中	操作错误一次扣 2 分	10
7	整平	超限一次扣 2 分 操作错误一次扣 2 分	15
8	操作步骤	操作错误一次扣 2 分	25
9	综合印象	安全文明生产，爱护仪器设备	10
合计			100

（6）评分奖罚说明。

1）测试时间不得超过规定时间（30min）。提前完成者分 4 个等级给予分值奖励，具体见下表。

提前时间	20min 以上	15min 以上	10min 以上	5min 以上
奖励分值	30 分	20 分	10 分	5 分

2）根据卷面整洁情况，扣 0 ～ 5 分。（记录划去 1 处扣 1 分，用橡皮擦去 1 处扣 2 分，合计不超过 5 分。）

3）如发生仪器事故或严重违反操作规程，停止测试，成绩判定为不合格。

4）对中误差、整平误差为 1 格，如不符合要求，酌情扣 5 ～ 8 分。

〖 测试说明及注意事项 〗

（1）测试准备工作：自备计算用纸、笔（钢笔或圆珠笔）、计算器等必要工具；抽题。

（2）测回法水平角测量测试将提供《测回法水平角测量技能测试报告》给学生，测试结束后学生将该报告作为成果交回。

（3）测试过程中，安排 2 名辅助人员配合学生完成测试任务。

（4）测试过程中任何人不得提示，学生应独立完成全部工作。

（5）教师有权随时检查学生的操作是否符合操作规程及技术要求，但应相应折减所影响的时间。

（6）若有作弊行为，一经发现一律按零分处理，不得参加补考。

（7）测试时间自领取仪器开始，至递交成果终止。

（8）评分标准参见"测试评分标准（百分制）"。

〖 **测试报告** 〗

测回法水平角测量技能测试报告

考评日期：_____　　姓名：_____　　成绩：_____　　考评员：_____

测试题目	测回法水平角测量	
主要仪器及工具		
天气		仪器号码	

测回法水平角测量手簿

测站	测回数	竖盘位置	目标	水平度盘读数 (° ′ ″)	半测回角值 (° ′ ″)	一测回角值 (° ′ ″)	各测回平均值 (° ′ ″)	备注

〖 **测试成绩评定表** 〗

本表用于教师给学生评定成绩，最后连同《测试报告》一并归档保存。

测试成绩评定表

考生姓名：_____　　考评日期：_____　　开始时间：_____　　结束时间：_____

测试内容	配分	操作要求及评分标准	扣分	得分	监考教师评分依据记录
对中误差小于1mm	5	仪器、工具轻拿轻放，搬仪器的动作规范，装箱正确			
水准管气泡偏移不超过1格	5	操作熟练、规范，方法和步骤正确、不缺项			

续表

测试内容	配分	操作要求及评分标准	扣分	得分	监考教师评分依据记录
度盘配置	10	读数正确、规范			
2C 互差	10	记录正确、规范			
半测回角值差	10	计算快速、准确、规范，计算检核齐全			
对中	10	精度符合要求			
整平	15	精度符合要求			
操作步骤	25	熟练、规范			
综合印象	10	动作规范、熟练，文明作业			
合计		标准分：100			
总扣分及说明					
最后得分		考评员签字		主考人签字	

〖 **其他变数与说明** 〗

1. 其他变数

（1）测回数可以改变，以调整测试工作量。

（2）仪器可以变更为 DJ_2 型光学经纬仪；也可以变更为电子经纬仪，测试用时可以适当调整。

2. 技能的用途

水平角测量和距离计算。

技能实训与测试 3　全站仪的使用

〚 全站仪使用知识准备 〛

1. 全站仪的认识

全站仪由照准部、基座、水平度盘等部分组成，采用编码度盘或光栅度盘，读数方式为电子显示。有功能操作键及电源，还配有数据通信接口。

2. 全站仪的使用（以南方全站仪为例进行介绍）

全站仪的安置操作（对中、整平、瞄准等）与经纬仪基本相同，所不同的是，全站仪具有操作键盘和显示屏，观测和键盘操作结果会在显示屏上显示出来。

（1）测量前的准备工作。

1）电池的安装（注意：测量前电池需充足电）。

①把电池盒底部的导块插入装电池的导孔。

②按电池盒的顶部直至听到"咔嚓"声。

③向下按解锁钮可取出电池。

2）仪器的安置。

①在实验场地上选择三点，其中一点作为测站，另外两点作为观测点。

②将全站仪安置于测站点，对中、整平。

③在两点分别安置棱镜。

3）初始化工作。对中、整平后，按"开关（⟲）"键开机后，上下转动望远镜几周，然后将仪器水平盘转动几周，完成仪器初始化工作，直至显示水平度盘角值 HR、竖直度盘角值 VZ 为止。

4）参数设置。

按测距键进入测距设置，按"F2（棱镜常数）"键，按"F1（输入）"键，输入 −30，按"F4（确认）"键两次；按"F3（大气改正）"键，按"F1（输入）"键，在温度栏输入气温，如 30，按"F4（确认）"键；按"EDM"键向下移动光标至气压栏，按"F1（输入）"键，输入气压，如 1 013hpa，按"F4（确认）键"两次，按"ESC"键回到测角模式。

说明：参数设置后，在没有进行新设置前，仪器将保存现有设置。

5）调焦与照准目标。操作步骤与一般经纬仪相同，注意消除视差。

（2）全站仪的几种测量模式。

1）角度测量。

①通过显示屏确定仪器是否处于角度测量模式，如果不是，则按相应的功能键，转换为角度测量模式。

②盘左瞄准左目标 A，按"置零"键，使水平度盘读数显示为 0°00′00″，顺时针旋转

照准部，瞄准右目标 B，读数。

③用同样的方法进行盘右观测。

④如果测竖直角，可在读取水平度盘的同时读取竖直度盘的读数。

2）距离测量。

①通过显示屏确定仪器是否处于距离测量模式，如果不是，则转换为距离测量模式。

②照准棱镜中心，此时显示屏上显示箭头前进的动画，前进结束则完成坐标测量，得出距离，HD 为水平距离，VD 为倾斜距离。

3）坐标测量。

按"↙"键进入坐标测量模式。

①设定测站点的三维坐标。

②设定后视点的坐标或设定后视方向的水平度盘读数为其方位角。设定后视点的坐标时，全站仪会自动计算后视方向的方位角，并设定后视方向的水平度盘读数为其方位角。

③设置棱镜常数。

④设置大气改正值或气温、气压值。

⑤测量仪器高、棱镜高并输入全站仪。

⑥照准目标棱镜，按"坐标测量"键，全站仪开始测距并计算测点的三维坐标。

〖**核心技能**〗

（1）全站仪的使用。

（2）使用全站仪进行角度测量、距离测量以及碎部测量。

〖**测试内容**〗

观测教学楼10个地物点。使用全站仪进行角度测量、距离测量以及碎部测量，按要求完成测量的全过程，并做好记录。

〖**测试时间**〗

60min。

〖**测试条件（情景）**〗

（1）主要仪器设备：全站仪1套、觇牌1套、对中杆1根、棱镜1副。

（2）辅助仪器设备：记录板1块、记录纸若干。

（3）场地要求：教学楼。

（4）实训辅助人数：2人（1人定向，1人跑点）。

〖**测试要求及评分标准**〗

（1）严格按操作规程作业。

（2）记录和计算完整、清晰、无错误。

（3）数据记录、计算、校核及成果计算均应填写在相应的《测试报告》中，记录表以外的数据不作为考核结果。

（4）评分标准见下表。

测试评分标准（百分制）

序号	考核内容	评分标准	配分
1	仪器部件的识别	部件识别错误一次扣5分	10
2	仪器的安置	仪器操作中超限一次扣5分	20
3	设置测距参数	正确、规范	10
4	设置作业	记录正确、规范	5
5	已知点的录入	仪器操作错误或不合理一次扣5分	10
6	设置测站	正确、规范	10
7	设置定向	正确、规范	10
8	测量，记录	观测精度不符合规范一次扣2分	10
9	坐标查阅	精度符合要求	5
10	综合印象	安全文明生产，爱护仪器设备	10
合计			100

（5）评分奖罚说明。

1）测试时间不得超过规定时间（60min）。提前完成者分3个等级给予分值奖励，具体见下表。

提前时间	30min 以上	20min 以上	10min 以上
奖励分值	30分	20分	10分

2）根据卷面整洁情况，扣0～5分。（记录划去1处扣1分，用橡皮擦去1处扣2分，合计不超过5分。）

3）如发生仪器事故或严重违反操作规程，停止测试，成绩判定为不合格。

〖**测试说明及注意事项**〗

（1）测试准备工作：自备计算用纸、笔（钢笔或圆珠笔）、计算器等必要工具；抽题。

（2）提供《全站仪的使用技能测试报告》给学生，测试结束后学生将该报告作为成果交回。

（3）测试过程中，安排2名辅助人员配合学生完成测试任务。

（4）测试过程中任何人不得提示，学生应独立完成全部工作。

（5）教师有权随时检查学生的操作是否符合操作规程及技术要求，但应相应折减所影响的时间。

（6）若有作弊行为，一经发现一律按零分处理，不得参加补考。

（7）测试时间自领取仪器开始，至递交成果终止。

（8）评分标准参见"测试评分标准（百分制）"。

〖 测试报告 〗

全站仪的使用技能测试报告

考评日期：＿＿＿＿＿＿　　姓名：＿＿＿＿＿＿　　成绩：＿＿＿＿＿　　考评员：＿＿＿＿＿

测试题目	全站仪的使用	
主要仪器及工具		
天气		仪器号码	

全站仪使用手簿坐标成果表

仪器：＿＿＿＿＿＿＿＿＿＿　　　　　天气：＿＿＿＿＿＿＿＿＿＿

观测员：＿＿＿＿＿＿＿＿＿＿　　观测时间：＿＿＿＿＿＿＿＿＿　　　　成绩：＿＿＿＿＿＿＿＿

测站点点号：＿＿＿＿＿＿　($X=$＿＿＿＿＿＿＿　, $Y=$＿＿＿＿＿＿＿)
定向点点号：＿＿＿＿＿＿　($X=$＿＿＿＿＿＿＿　, $Y=$＿＿＿＿＿＿＿)

点号	X	Y

〖 测试成绩评定表 〗

本表用于教师给学生评定成绩，最后连同《测试报告》一并归档保存。

测试成绩评定表

考生姓名：＿＿＿＿＿＿　　考评日期：＿＿＿＿＿＿　　开始时间：＿＿＿＿＿＿　　结束时间：＿＿＿＿＿＿

测试内容	配分	操作要求及评分标准	扣分	得分	监考教师评分依据记录
仪器部件的识别	10	部件识别错误一次扣5分			
仪器的安置	20	仪器操作中超限一次扣5分			
设置测距参数	10	正确、规范			
设置作业	5	记录正确、规范			
已知点的录入	10	仪器操作错误或不合理一次扣5分			

续表

测试内容	配分	操作要求及评分标准	扣分	得分	监考教师评分依据记录
设置测站	10	正确、规范			
设置定向	10	正确、规范			
测量，记录	10	观测精度不符合规范一次扣2分			
坐标查阅	5	精度符合要求			
综合印象	10	安全文明生产、爱护仪器设备			
合计		标准分：100			
总扣分及说明					
最后得分		考评员签字		主考人签字	

〖 **其他变数与说明** 〗

1. 其他变数

如进行坐标测量或放样，可酌情调整测试用时。

2. 技能的用途

施工放样，测绘地形图等。

技能实训与测试 4　GPS 接收机静态观测

〖 GPS 接收机静态观测知识准备 〗

（1）GPS 接收机的基本组成。

（2）GPS 接收机的观测作业步骤和数据处理方法。

（3）使用方法与步骤如下：

1）安置天线。

①安置天线于三脚架上，对中，整平。

②天线定向：将天线定向标志指向正北，其误差一般不超过 3°。

③测量天线高：沿圆盘天线间隔 120° 的 3 个方向分别量取天线高，3 次测量结果之差不应超过 3mm，然后取其平均值。

④记录天气状况。

⑤将天线电缆与仪器相连。

2）开机观测。观测作业的主要目的是捕获 CPS 卫星信号，并对其进行跟踪、处理和量测，以获得所需要的定位信息和观测数据。

3）观测记录。在外业观测工作中，所有信息资料均须妥善记录。记录形式主要有存储介质记录和手簿记录两种。

〖 核心技能 〗

（1）GPS 接收机的认识与使用。

（2）GPS 接收机的外业观测。

〖 测试内容 〗

GPS 接收机的外业观测工作方法。

〖 测试时间 〗

120min。

〖 测试条件（情景）〗

（1）主要仪器设备：GPS 接收机。

（2）辅助仪器设备：脚架、钢卷尺、记录板 1 块、记录纸若干。

（3）较开阔的场地。

〖 测试要求及评分标准 〗

（1）严格按操作规程作业。

（2）记录和计算完整、清晰、无错误。

（3）数据记录、计算均应填写在相应的《测试报告》中，记录表不可用橡皮修改，记录表以外的数据不作为考核结果。

（4）评分标准见下表。

测试评分标准（百分制）

序号	测试内容	评分标准	配分
1	工作态度	仪器、工具轻拿轻放，搬仪器的动作规范，装箱正确	10
2	仪器操作	操作熟练、规范，方法和步骤正确、不缺项	20
3	观测时间	观测时间满足规范	10
4	天线高量取	天线高量取正确	10
5	数据处理	计算快速、准确、规范，计算检核齐全	20
6	精度	精度符合要求	20
7	综合印象	动作规范、熟练，文明作业	10
合计			100

（5）评分奖罚说明。

1）测试时间不得超过规定时间（120min）。提前完成者分3个等级给予分值奖励，具体见下表。

提前时间	30min 以上	20min 以上	10min 以上
奖励分值	30 分	20 分	10 分

2）根据卷面整洁情况，扣0～5分。（记录划去1处扣1分，用橡皮擦去1处扣2分，合计不超过5分。）

3）如发生仪器事故或严重违反操作规程，停止测试，成绩判定为不合格。

〖**测试说明及注意事项**〗

（1）每次使用完仪器必须将其装入仪器箱内锁好，然后由专人携带，并且时刻注意避免碰撞。

（2）在取出仪器前，首先检查三脚架是否放置稳定，由仪器箱中取出仪器及将其安放到三脚架上时，应当一手握住基座，一手拿住 GPS 天线。

（3）在三脚架上安放仪器时，应当立即用中心螺旋将光学对中器固定，并且用光学对中器固定 GPS 天线。

（4）在测量前要测出仪器高，也就是从地面点到天线中心的高度，记录或输入到控制器中。

（5）进行静态观测时，要同时开机、同时关机，避免周围遮挡物的影响。

（6）测试过程中，安排2名辅助人员配合学生完成测试任务。

（7）测试过程中任何人不得提示，学生应独立完成全部工作。

（8）教师有权随时检查学生的操作是否符合操作规程及技术要求，但应相应折减所影响的时间。

（9）若有作弊行为，一经发现一律按零分处理，不得参加补考。

（10）测试时间自领取仪器开始，至递交成果终止。

（11）评分标准参见"测试评分标准（百分制）"。

〖 测试报告 〗

GPS 接收机静态观测技能测试报告

考评日期：_____ 姓名：_____ 成绩：_____ 考评员：_____

测试题目	GPS 接收机静态观测	
主要仪器及工具		
天气		仪器号码	

GPS 接收机静态观测手簿

仪器：_____ 天气：_____ 观测时间：_____ 观测员：_____ 成绩：_____

测站名：_____测站号：_____等级：_____

接收机号：_____天线高：（1）____（2）____
开始时间_____结束时间_____

观测状况记录
电池_____
跟踪卫星_____
接收卫星_____
采样间隔_____
观测时间指示器_____

本点为：□ 新建____等 GPS 点
　　　　□ ____等 GPS 旧点
　　　　□ ____等三角点
　　　　□ ____水准点
观测数据：

〖 测试成绩评定表 〗

本表用于教师给学生评定成绩，最后连同《测试报告》一并归档保存。

测试成绩评定表

考生姓名：_____   考评日期：_____   开始时间：_____   结束时间：_____

测试内容	配分	操作要求及评分标准	扣分	得分	监考教师评分依据记录
工作态度	10	仪器、工具轻拿轻放，搬仪器的动作规范，装箱正确			
仪器操作	20	操作熟练、规范，方法和步骤正确、不缺项			
观测时间	10	观测时间满足规范			
天线高量取	10	天线高量取正确			
数据处理	20	计算快速、准确、规范，计算检核齐全			
精度	20	精度符合要求			
综合印象	10	动作规范、熟练，文明作业			
合计	标准分：100				
总扣分及说明					
最后得分		考评员签字		主考人签字	

〖 **其他变数与说明** 〗

1. 其他变数

无。

2. 技能的用途

控制测量和测绘地形图。

技能实训与测试 5　四等水准测量

〖 四等水准测量知识准备 〗

（1）能使用 DS₃ 水准仪、双面水准尺进行四等水准测量的观测、记录、计算。

（2）熟悉四等水准测量的主要技术指标，掌握测站及水准路线的检核方法。

四等水准测量的技术要求

等级	视线高度（m）	视距长度（m）	前后视距差（m）	前后视距累积差（m）	基、辅分划读数差（mm）	基、辅分划所测高差之差（mm）	路线闭合差（mm）
四等	>0.3	≤80	≤5.0	≤10.0	3.0	5.0	$\pm 20\sqrt{L}$

注：L 为路线总长，单位 km。

〖 核心技能 〗

（1）用 DS₃ 水准仪、双面水准尺布设线路。

（2）四等水准测量的观测、记录、计算方法。

（3）熟悉高程控制测量的方法，四等水准测量的主要技术指标，测站及水准路线的检核方法，水准网的平差计算。

〖 测试内容 〗

用四等水准测量方法测出未知点的高程；完成记录和计算校核，并求出未知点的高程。读数时符合水准管气泡影像错动 < 1mm，若使用自动安平水准仪，要求补偿指标线不脱离小三角形。

〖 测试时间 〗

90min。

〖 测试条件（情景）〗

（1）仪器、工具：DS₃ 型微倾式水准仪 1 台、脚架 1 个、水准尺 2 根、计算器（自备）、尺垫 1 对、记录夹 1 个、测伞。

（2）在测试现场选定一已知高程的点 BM_A，其高程为 200.000m。指定两个未知待测点，分别打入木桩表示 Ⅰ、Ⅱ 两点，桩顶钉圆帽钉。Ⅰ 点距离 BM_A 点约 100 ～ 200m，Ⅱ 点距离 Ⅰ 点约 150 ～ 200m，Ⅱ 点距离 BM_A 点约 100 ～ 150m。

〖 测试要求及评分标准 〗

（1）设测量两点间的路线长约 500m，中间设 4 个转点共设站 4 次。

（2）记录内容和计算结果完整、清晰、无错误。

（3）观测顺序按"后（黑）—前（黑）—前（红）—后（红）"进行。

（4）每站前后视距差不超过 5m，前后视距累计差不超过 10m。

（5）红黑面读数差不大于 3mm；红黑面高差之差不大于 5mm。

（6）评分标准见下表。

测试评分标准（百分制）

序号	考核内容	评分标准	配分
1	视距长度	超限一次扣 1 分	8
2	每一站前后视距差	超限一次扣 1 分	8
3	前后视距累积差	超限一站扣 1 分	8
4	基、辅分划读数差	超限一次扣 2 分	8
5	基、辅分划所测高差之差	超限一次扣 2 分	8
6	闭合水准路线高差闭合差	精度符合要求，超限扣 20 分	20
7	整平	精度符合要求	10
8	操作步骤	操作熟练正确	20
9	综合印象	文明作业，爱护仪器	10
	合计		100

（7）评分奖罚说明。

1）测试时间不得超过规定时间（90min）。提前完成者分 3 个等级给予分值奖励，具体见下表：

提前时间	30min 以上	20min 以上	10min 以上
奖励分值	30 分	20 分	10 分

2）根据卷面整洁情况，扣 0 ~ 5 分。（记录划去 1 处扣 1 分，用橡皮擦去 1 处扣 2 分，合计不超过 5 分。）

3）如发生仪器事故或严重违反操作规程，停止测试，成绩判定为不合格。

〖测试说明及注意事项〗

（1）测试准备工作：自备计算用纸、笔（钢笔或圆珠笔）、计算器等必要工具；抽题。

（2）四等水准测量测试将提供《四等水准测量技能测试报告》给学生，测试结束后学生将该报告作为成果交回。

（3）测试过程中，安排 2 名辅助人员配合学生完成测试任务。

（4）测试过程中任何人不得给予提示，学生应独立完成全部工作。

（5）教师有权随时检查学生的操作是否符合操作规程及技术要求，但应相应折减所影响的时间。

（6）若有作弊行为，一经发现一律按零分处理，不得参加补考。

（7）测试时间自领取仪器开始，至递交成果终止。

（8）评分标准参见"测试评分标准（百分制）"。

〖 测试报告 〗

四等水准测量技能测试报告

考评日期：_____   姓名：_____   成绩：_____   考评员：_____

测试题目	四等水准测量		
主要仪器及工具			
天气		仪器号码	

四等水准测量记录手簿

仪器：_____   天气：_____   观测时间：_____   观测员：_____   成绩：_____

测站	点号	后尺 上丝 / 下丝 / 后视距 / 视距差	前尺 上丝 / 下丝 / 前视距 / 累积差	方向及尺号	水准尺读数 黑面	水准尺读数 红面	k+ 黑—红	高差中数
		（1）	（4）	后	（3）	（8）	（9）	
		（2）	（5）	前	（6）	（7）	（10）	（14）
		（15）	（16）	后—前	（11）	（12）	（13）	
		（17）	（18）					
				后				
				前				
				后—前				
				后				
				前				
				后—前				
				后				
				前				
				后—前				
				后				
				前				
				后—前				

续表

测站	点号	后尺	上丝	前尺	上丝	方向及尺号	水准尺读数		$k+$ 黑—红	高差中数
			下丝		下丝		黑面	红面		
		后视距		前视距						
		视距差		累积差						
						后				
						前				
						后—前				
验算										

备注：$k_1 =$ $k_2 =$

〖 测试成绩评定表 〗

本表用于教师给学生评定成绩，最后连同《测试报告》一并归档保存。

测试成绩评定表

考生姓名：_____　考评日期：_____　开始时间：_____　结束时间：_____

测试内容	配分	操作要求及评分标准	扣分	得分	监考教师评分依据记录
视距长度	8	超限一次扣 1 分			
每一站前后视距差	8	超限一次扣 1 分			
前后视距累积差	8	超限一站扣 1 分			
基、辅分划读数差	8	超限一次扣 2 分			
基、辅分划所测高差之差	8	超限一次扣 2 分			
闭合水准路线高差闭合差	20	精度符合要求，超限扣 20 分			
整平	10	精度符合要求			
操作步骤	20	符合要求			
综合印象	10	安全文明生产，爱护仪器设备			
合计		标准分：100			
总扣分及说明					
最后得分		考评员签字		主考人签字	

〖 **其他变数与说明** 〗

1. 其他变数

（1）任务可以变换为符合水准路线。

（2）测试用时可根据工作任务变化做相应调整。

2. 技能的用途

高程控制测量用于施工和测图。

技能实训与测试6 建筑物平面位置的测设

〖施工放样知识准备〗

（1）测设原理。

（2）测设参数的计算。

（3）施工放样的步骤。

〖核心技能〗

采用经纬仪、钢卷尺（或全站仪）进行点位的测设，以一个具体的建筑物的定位与放线为工作任务，培养建筑物定位方案设计、数据计算、测量实施与精度检核方面的能力。

〖测试内容〗

使用经纬仪或全站仪，按下图所示用极坐标法测设点的平面位置，并实地标定所测设的点。

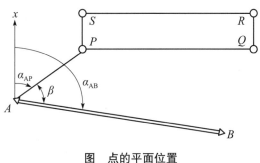

图 点的平面位置

〖测试时间〗

60min。

〖测试条件（情景）〗

（1）仪器、工具：经纬仪或全站仪1台、脚架1个、棱镜、水准尺1根、计算器（自备）、记录夹1个、测伞。

（2）考核时在测试现场选定A、B两点作为已知平面控制点，其坐标值分别为A（x_A，y_A）、B（x_B，y_B），P点为建筑物的一个角点，其坐标为P（x_P，y_P）。现根据A、B两点，用极坐标法测设P点和其他点。

〖测试要求及评分标准〗

（1）按所给定的条件和数据计算出放样元素，根据计算出的放样元素进行测设。

（2）测设完毕后，进行必要的校核；检查建筑物四角是否等于90°，各边长是否等于设计长度，误差均应在限差以内。

（3）严格按操作规程作业。

（4）记录和计算完整、清晰、无错误；数据记录、计算以及必要的放样略图均应按要求填写在相应的《测试报告》中，记录表以外的数据不作为考核结果。

（5）评分标准见下表。

测试评分标准（百分制）

序号	测试内容	评分标准	配分
1	工作态度	仪器、工具轻拿轻放、动作规范，具有团队协作意识	10
2	仪器操作	操作熟练、规范，方法和步骤正确、不缺项	30
3	计算	正确、规范	20
4	地面标志点位	清晰、规范	10
5	精度	精度符合要求	20
6	综合印象	动作规范、熟练，文明作业	10
合计			100

（6）评分奖罚说明。

1）测试时间不得超过规定时间（60min）。提前完成者分4个等级给予分值奖励，具体见下表。

提前时间	20min 以上	15min 以上	10min 以上	5min 以上
奖励分值	30分	20分	10分	5分

2）根据卷面整洁情况，扣0～5分。（记录划去1处扣1分，用橡皮擦去1处扣2分，合计不超过5分。）

3）实地标定的点位不清晰，酌情扣0～3分。

〖**测试说明及注意事项**〗

（1）测试准备工作：自备计算用纸、笔（钢笔或圆珠笔）、计算器等必要工具；抽题。

（2）提供《点的平面位置测设技能测试报告》给学生，测试结束后学生将该报告作为成果交回。

（3）测试过程中，安排2名辅助人员配合学生完成测试任务。

（4）测试过程中任何人不得提示，学生应独立完成全部工作。

（5）教师有权随时检查学生的操作是否符合操作规程及技术要求，但应相应折减所影响的时间。

（6）若有作弊行为，一经发现一律按零分处理，不得参加补考。

（7）测试时间自领取仪器开始，至递交成果终止。

（8）评分标准参见"测试评分标准（百分制）"。

〖 测试报告 〗

点的平面位置测设技能测试报告

考评日期：_____　　　　姓名：_____　　　　成绩：_____　　　　考评员：_____

测试题目	测设已知平面控制点 A、B 的坐标	
主要仪器及工具		
天气		仪器号码	

测设过程相关记录：

1. 计算 AB 边的坐标方位角 α_{AB} 和 AP 边的坐标方位角 α_{AP}，按坐标反算公式计算。

2. 点位测设方法与过程：

3. 检核建筑物 4 个角是否都等于 90°，相差_____。各边长是否等于设计长度，其误差相差_____m。

4. 画出测设点位的略图：

〖 测试成绩评定表 〗

本表用于教师给学生评定成绩，最后连同考生《测试报告》一并归档保存。

测试成绩评定表

考生姓名：_____　　　考评日期：_____　　　开始时间：_____　　　结束时间：_____

测试内容	配分	操作要求及评分标准	扣分	得分	监考教师评分依据记录
工作态度	10	仪器、工具轻拿轻放、动作规范，具有团队协作意识			
仪器操作	30	操作熟练、规范，方法和步骤正确、不缺项			
计算	20	正确			
地面标志点	10	清晰、规范			
精度	20	精度符合要求			
综合印象	10	动作规范、熟练，文明作业			
合计	标准分：100				
总扣分及说明					
最后得分		考评员签字		主考人签字	

〖 **其他变数与说明** 〗

1. 其他变数

（1）可以采用直角坐标法、角度交会法和距离交会法测设平面点位。

（2）测试用时可根据工作任务变化做相应调整。

2. 技能的用途

常用于建筑工程平面点位测设。

技能实训与测试 7　单圆曲线主点测设

〖 单圆曲线主点测设知识准备 〗

圆曲线主点元素计算与测设的方法。

〖 核心技能 〗

（1）路线交点转角的测设能力。

（2）单圆曲线主点测设要素的计算与测设。

（3）圆曲线主点里程桩的设置。

〖 测试内容 〗

（1）根据给定的单圆曲线的转角、圆曲线的半径，计算出各测设元素（切线长 T、曲线长 L、外距 E、切曲差 D）。

（2）用经纬仪、钢尺或全站仪，在交点 JD 处进行 ZY、YZ、QZ 这 3 个主点的测设。

（3）完成计算和放样全过程，在实地标定所测设的点位并完成校核工作。

〖 测试时间 〗

90min。

〖 测试条件（情景）〗

（1）DJ_6 型光学经纬仪（或全站仪）1 台、脚架 1 个、花杆、测钎、木桩、记录夹、斧头 1 把。

（2）样题：考核时，在现场任意标定一点 JD，已知单圆曲线的转角 $\alpha_y = 34°12'$、半径 $R = 150\mathrm{m}$，试放样出 ZY、YZ、QZ 点。

计算得 $T = R\mathrm{tg}\dfrac{\alpha}{2} = 46.15\mathrm{m}$，$L = R\alpha\dfrac{\pi}{180°} = 89.54\mathrm{m}$，$E = R\left(\sec\dfrac{\alpha}{2} - 1\right) = 6.94\mathrm{m}$，$D = 2T - L = 2.76\mathrm{m}$。

在 JD 点上进行 ZY、YZ、QZ 点的标定。

〖 测试要求及评分标准 〗

（1）严格按操作规程作业。

（2）要求经纬仪对中误差 $< \pm 3\mathrm{mm}$，水准管气泡偏差 <1 格。

（3）记录规范、清晰，计算完整、准确，用不能编程的科学计算器进行计算。

（4）数据记录、计算均应填写在相应的《测试报告》中，记录表不可用橡皮修改，记录表以外的数据不作为考核结果。

（5）评分标准见下表。

测试评分标准（百分制）

序号	测试内容	评分标准	配分
1	工作态度	仪器、工具轻拿轻放，装箱正确	10
2	计算	放样元素及里程计算快速、正确、不缺项	25
3	仪器操作	根据放样元素进行测设的方法正确，步骤合理	35
4	校核	计算校核和测设校核	10
5	精度	计算检核齐全，精度符合要求	10
6	综合印象	动作规范、熟练、文明作业	10
合计			100

（6）评分奖罚说明。

1）测试时间不得超过规定时间（90min）。提前完成者分3个等级给予分值奖励，具体见下表。

提前时间	30min 以上	20min 以上	10min 以上
奖励分值	30 分	20 分	10 分

2）根据标定点位的清晰情况扣 0～2 分。根据卷面整洁情况，扣 0～5 分。（记录划1处扣1分，合计不超过5分。）

3）如发生仪器事故或严重违反操作规程，停止测试，成绩判定为不合格。

〖测试说明及注意事项〗

（1）测试准备工作：自备计算用纸、笔（钢笔或圆珠笔）、计算器等必要工具；抽题。

（2）单圆曲线主点测设技能测试将提供《单圆曲线主点测设技能测试报告》给学生，测试结束后学生将该报告作为成果交回。

（3）测试过程中，安排2名辅助人员配合学生完成测试任务。

（4）测试过程中任何人不得提示，学生应独立完成全部工作。

（5）教师有权随时检查学生的操作是否符合操作规程及技术要求，但应相应折减所影响的时间。

（6）若有作弊行为，一经发现一律按零分处理，不得参加补考。

（7）测试时间自领取仪器开始，至递交成果终止。

（8）评分标准参见"测试评分标准（百分制）"。

〖 测试报告 〗

单圆曲线主点测设技能测试报告

考评日期：_____　　　　姓名：_____　　　　成绩：_____　　　　考评员：_____

测试题目	单圆曲线主点测设					
主要仪器及工具						
天气			仪器号码			
交点号				交点桩号		
	盘位	目标	水平度盘读数	半测回角值	右角	转角
转角观测结果						
曲线元素	半径 =　　　　　切线长 =　　　　　外距 = 转角 =　　　　　曲线长 =　　　　　超距 =					
主点桩号	*ZY* 桩号：　　　　　*QZ* 桩号：　　　　　*YZ* 桩号：					
主点测设方法	测设草图			测设方法		
实训总结：						

〖 测试成绩评定表 〗

本表用于教师给学生评定成绩，最后连同《测试报告》一并归档保存。

测试成绩评定表

考生姓名：_____ 考评日期：_____ 开始时间：_____ 结束时间：_____

测试内容	配分	操作要求及评分标准	扣分	得分	监考教师评分依据记录
工作态度	10	仪器、工具轻拿轻放，装箱正确			
计算	25	放样元素及里程计算快速、正确、不缺项			
仪器操作	35	根据放样元素进行测设的方法正确，步骤合理			
校核	10	计算校核和测设校核			
精度	10	计算检核齐全，精度符合要求			
综合印象	10	动作规范、熟练，文明作业			
合计	标准分：100				
总扣分及说明					
最后得分		考评员签字		主考人签字	

〖 **其他变数与说明** 〗

1. 其他变数

根据提供的数据，在现场测设单圆曲线主点位置。

2. 技能的用途

道路单圆曲线主点测设。

技能实训与测试 8　建筑物定位与放线

〖建筑物定位与放线知识准备〗

（1）测量仪器的操作方法。

（2）施工放样基础知识。

〖核心技能〗

（1）设置轴线控制桩。

（2）设置龙门板。

〖测试内容〗

建筑物定位方案设计、数据计算、测量实施与精度检核。

（1）设置轴线控制桩。

（2）设置龙门板。

〖测试时间〗

60min。

〖测试条件（情景）〗

经纬仪或全站仪 1 台、脚架 1 个、棱镜、水准尺 1 根、计算器（自备）、记录夹 1 个、测伞 1 把。

〖测试要求及评分标准〗

（1）严格按操作规程作业。

（2）按所给定的条件和数据，先计算出放样元素，再进行测设。

（3）测设完毕后，进行必要的校核。

（4）记录规范、清晰，计算完整、准确，用不能编程的科学计算器进行计算。

（5）数据记录、计算均应填写在相应的《测试报告》中，记录表不可用橡皮修改，记录表以外的数据不作为考核结果。

（6）评分标准见下表。

测试评分标准（百分制）

序号	考核内容	评分标准	配分
1	工作态度	仪器、工具轻拿轻放，动作规范，团队协作意识强	10
2	仪器操作	操作熟练、规范，方法和步骤正确，不缺项	35
3	读数	读数和记录正确、规范	15
4	记录	书写清晰	10
5	计算、精度	精度符合要求	20
6	综合印象	操作熟练，文明作业	10
		合计	100

（7）评分奖罚说明。

1）测试时间不得超过规定时间（60min）。提前完成者分4个等级给予分值奖励，具体见下表。

提前时间	20min 以上	15min 以上	10min 以上	5min 以上
奖励分值	30 分	20 分	10 分	5 分

2）根据卷面整洁情况，扣0～5分。（记录划去1处扣1分，用橡皮擦去1处扣2分，合计不超过5分。）

3）根据实地标定的点位的清晰程度，酌情扣0～3分。

〖 **测试说明及注意事项** 〗

（1）测试准备工作：自备计算用纸、笔（钢笔或圆珠笔）、计算器等必要工具；抽题。

（2）建筑物的放线技能测试将提供《建筑物的放线技能测试报告》给学生，测试结束后学生将该报告作为成果交回。

（3）测试过程中，安排2名辅助人员配合学生完成测试任务。

（4）测试过程中任何人不得提示，学生应独立完成全部工作。

（5）教师有权随时检查学生的操作是否符合操作规程及技术要求，但应相应折减所影响的时间。

（6）若有作弊行为，一经发现一律按零分处理，不得参加补考。

（7）测试时间自领取仪器开始，至递交成果终止。

（8）评分标准参见"测试评分标准（百分制）"。

〖 **测试报告** 〗

建筑物的放线技能测试报告

考评日期：_____　　姓名：_____　　成绩：_____　　考评员：_____

测试题目	建筑物的放线	
主要仪器及工具		
天气		仪器号码	

测设过程记录：

1.计算放样数据。请在下面空白处，列出计算过程。

2.测设方法与过程。

续表

3.测设后检查建筑物四角是否等于90º，相差_____。各边长是否等于设计长度，相差_____m。 4.画出测设点位的略图。

〖 **测试成绩评定表** 〗

本表用于教师给学生评定成绩，最后连同《测试报告》一并归档保存。

测试成绩评定表

考生姓名：_____　　考评日期：_____　　开始时间：_____　　结束时间：_____

测试内容	配分	操作要求及评分标准	扣分	得分	监考教师评分依据记录
工作态度	10	仪器、工具轻拿轻放，动作规范，团队协作意识强			
仪器操作	35	操作熟练、规范，方法和步骤正确，不缺项			
读数	15	读数和记录正确、规范			
记录	10	书写清晰			
计算、精度	20	精度符合要求			
综合印象	10	操作熟练，文明作业			
合计		标准分：100			
总扣分及说明					
最后得分		考评员签字		主考人签字	

〖 **其他变数与说明** 〗

1.其他变数

可以根据实际情况调整测试工作量。

2.技能的用途

建筑物的定位与放线。